《建鸟巢》这本绘本内容很专业，能让小朋友们和大朋友们很快了解鸟巢这座世界超级建筑是怎样被设计建造出来的。

全国工程勘察设计大师
中国建筑设计研究院总建筑师　李兴钢
鸟巢设计总负责人

　　小朋友们，鸟巢这座建筑总会给人们带来很多遐想，通过这本绘本你们可以领略到它的创意、它的功能、它的精雕细琢和它的震撼效果。其实，它还有很多很多奥秘等待你们去探索，随着你们慢慢长大，你们对鸟巢的认知将更加丰富。

全国工程勘察设计大师
中国建筑设计研究院总工程师　任庆英
鸟巢设计项目经理

2008 年，北京要举办第 29 届夏季奥林匹克运动会，
这是中国第一次举办奥运会。
为了迎接这场体育盛会，需要在北京建造一座主体育场，
用来举办开幕式、闭幕式、田径比赛和男子足球决赛，
迎接来自世界各地的运动员。
不过，体育场到底要建成什么样子呢？
来自世界各地的建筑设计师们设计了好多方案。
最终胜出的方案就是——

——鸟巢。

顾问／审稿：

李兴钢　　全国工程勘察设计大师、中国建筑设计研究院总建筑师、鸟巢设计总负责人

任庆英　　全国工程勘察设计大师、中国建筑设计研究院总工程师、鸟巢设计项目经理

图书在版编目（CIP）数据

建鸟巢 / 国家体育场有限责任公司著；李叶蔚绘. —北京：北京科学技术出版社，2022.1（2022.3重印）
ISBN 978-7-5714-1584-6

Ⅰ . ①建… Ⅱ . ①国… ②李… Ⅲ . ①体育馆 – 建筑设计 – 中国 – 儿童读物 Ⅳ . ① TU245.2-49

中国版本图书馆 CIP 数据核字（2021）第 232889 号

策划编辑：阎泽群	电　话：	0086-10-66135495（总编室）
责任编辑：张　芳		0086-10-66113227（发行部）
营销编辑：王　喆　王　为	网　址：	www.bkydw.cn
图文制作：天露霖文化	印　刷：	北京捷迅佳彩印刷有限公司
责任印制：张　良	开　本：	889 mm×1194 mm　1/16
出版人：曾庆宇	字　数：	31 千字
出版发行：北京科学技术出版社	印　张：	2.5
社　　址：北京西直门南大街 16 号	版　次：	2022 年 1 月第 1 版
邮政编码：100035	印　次：	2022 年 3 月第 3 次印刷
ISBN 978-7-5714-1584-6		

定　　价：58.00 元

建鸟巢

国家体育场有限责任公司　著　李叶蔚　绘

北京科学技术出版社

鸟巢建在奥林匹克公园中心区内，
北京中轴线北延长线旁。
看，这是鸟巢建设前场地的样子。

中轴线

水立方　鸟巢

钟楼和
鼓楼

景山公园

故宫

天安门

北京中轴线示意图

2003 年 12 月 24 日，鸟巢开工了！

大树要想牢牢站立，离不开深扎地下的树根。

一座建筑要想牢牢站立，

也离不开很多深埋地下的"根"。

这些"根"构成了建筑的基础，

建筑越大、越重，"根"就得越多、越深。

鸟巢的"根"，就是地下的基础桩。
这些桩有 30 多米长，相当于 10 层楼的高度。
它们一直深入到卵石层，稳稳地支撑着鸟巢。
这样的桩，鸟巢下面有近 2000 根。

基础桩

混凝土主体结构施工

地基打牢后，就要开始建造地上的场馆了。
首先建造的是混凝土主体结构。
为了达到鸟巢独特的建筑效果，
体现"编织结构"的设计构思，
鸟巢的混凝土主体结构中包含了大量斜柱，
建造难度远远大于普通建筑。

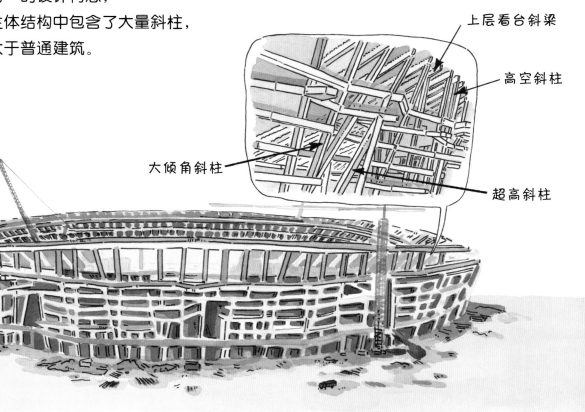

上层看台斜梁

高空斜柱

大倾角斜柱

超高斜柱

混凝土施工工艺

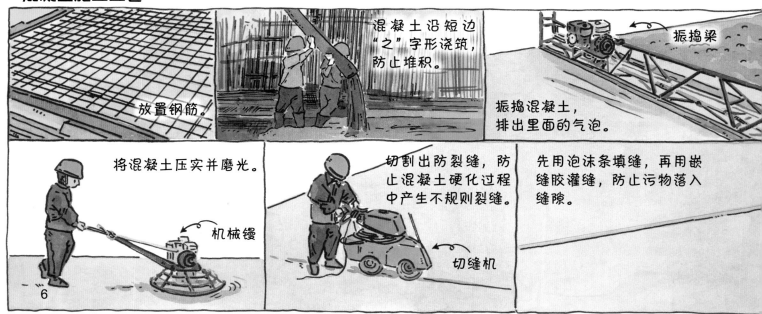

放置钢筋。

混凝土沿短边"之"字形浇筑，防止堆积。

振捣梁

振捣混凝土，排出里面的气泡。

将混凝土压实并磨光。

机械镘

切割出防裂缝，防止混凝土硬化过程中产生不规则裂缝。

切缝机

先用泡沫条填缝，再用嵌缝胶灌缝，防止污物落入缝隙。

除了不同类型的斜柱，
鸟巢的混凝土结构中还有很多
不同造型的楼梯、外墙等构件。
制作这些构件，
需要用到不同的模板。

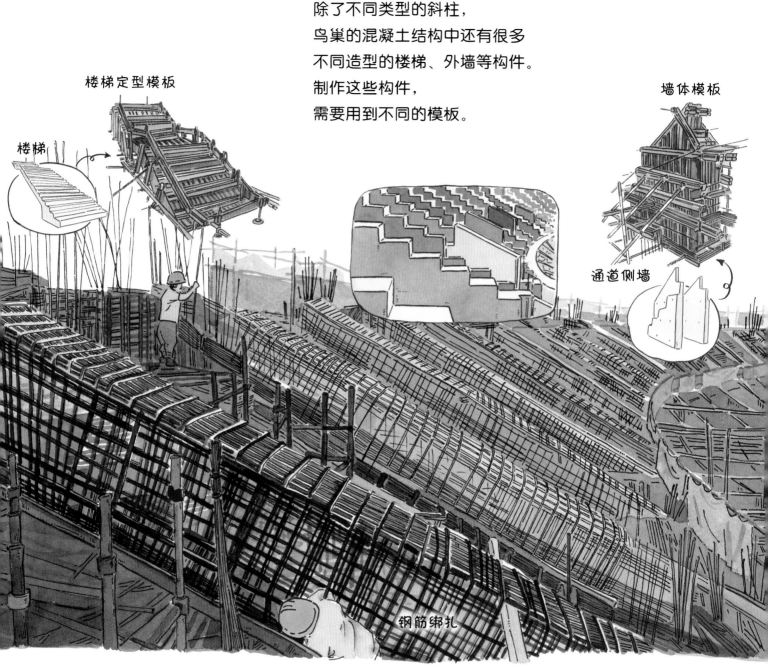

楼梯定型模板

楼梯

墙体模板

通道侧墙

钢筋绑扎

你印象中的混凝土，是不是又粗糙又灰暗，非常难看？
不过，浇筑鸟巢看台板的混凝土可不是这样的。
这种混凝土凝固后表面非常光滑，颜色均匀，富有光泽，
只需要在表面进行简单的防护处理，
就能展现出材料独特的美感。
这种混凝土叫作清水混凝土。

箱型构件加工

压力机

控制系统

模具

输送装置

主体结构外面就是鸟巢标志性的网状钢结构外罩。
由于网状钢结构外罩有很多弧度，
所以平整的钢板需要先在工厂被压弯，
再被组装成一组组有弧度的箱型构件，
这些构件就是建造鸟巢的"树枝"。

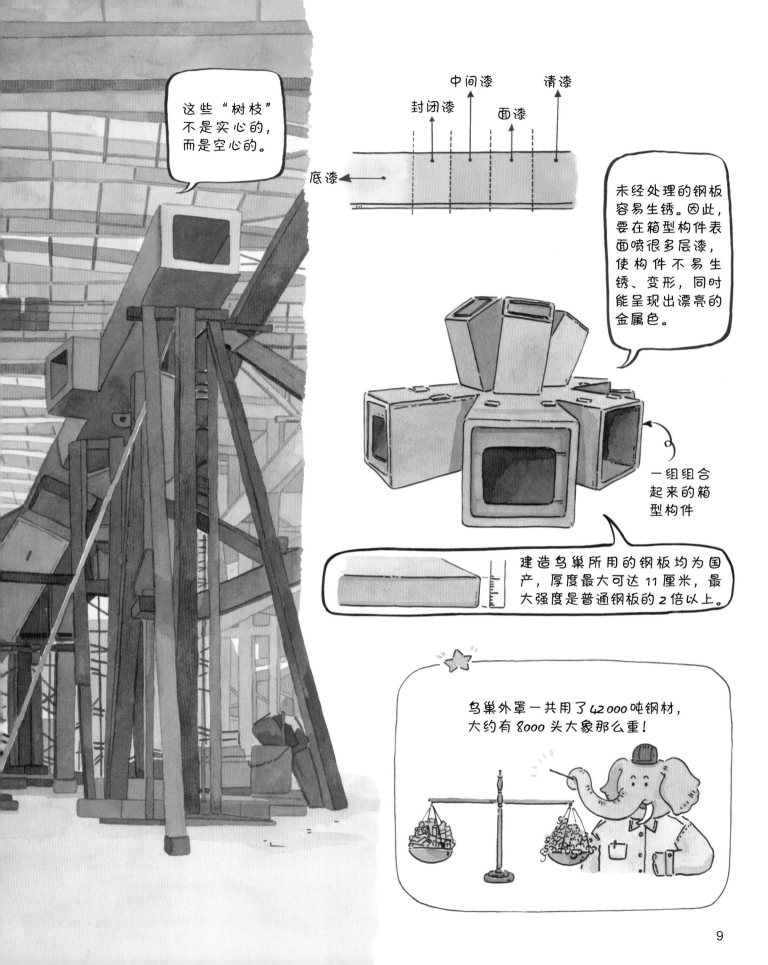

这些"树枝"不是实心的，而是空心的。

封闭漆　中间漆　面漆　清漆

底漆

未经处理的钢板容易生锈。因此，要在箱型构件表面喷很多层漆，使构件不易生锈、变形，同时能呈现出漂亮的金属色。

一组组合起来的箱型构件

建造鸟巢所用的钢板均为国产，厚度最大可达 11 厘米，最大强度是普通钢板的 2 倍以上。

鸟巢外罩一共用了42 000吨钢材，大约有8000头大象那么重！

外罩拼装

在工厂组装好的箱型构件被运到工地后，
工人就可以用它们拼装鸟巢的外罩了。
外罩分为主结构和次结构，
主结构由24根组合格构柱和顶面的48榀主桁架构成，保证外罩的稳固；
次结构用来连接主结构。
它们相互交织，打造出浑然天成的"鸟巢"造型。

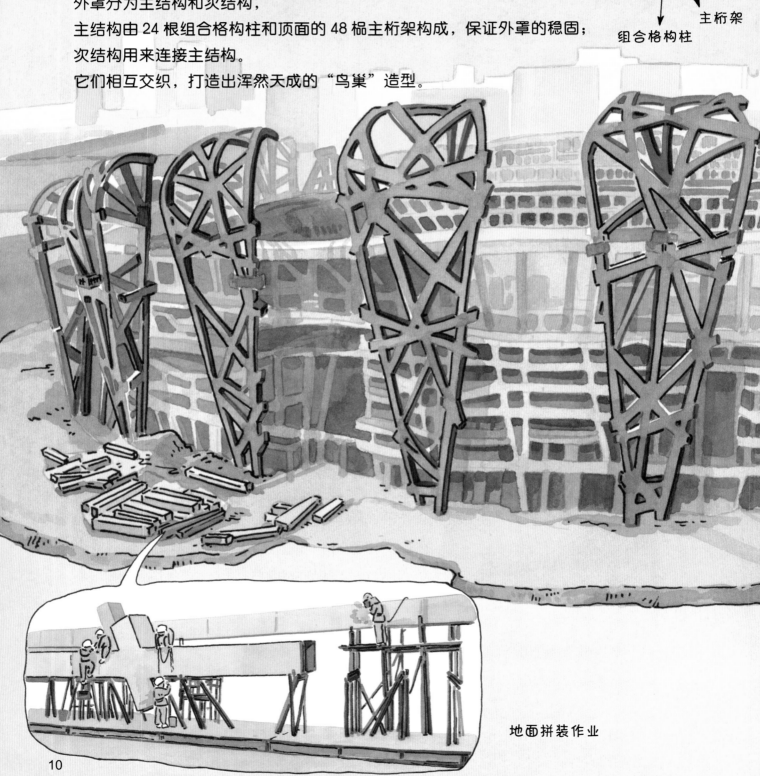

组合格构柱

主桁架

地面拼装作业

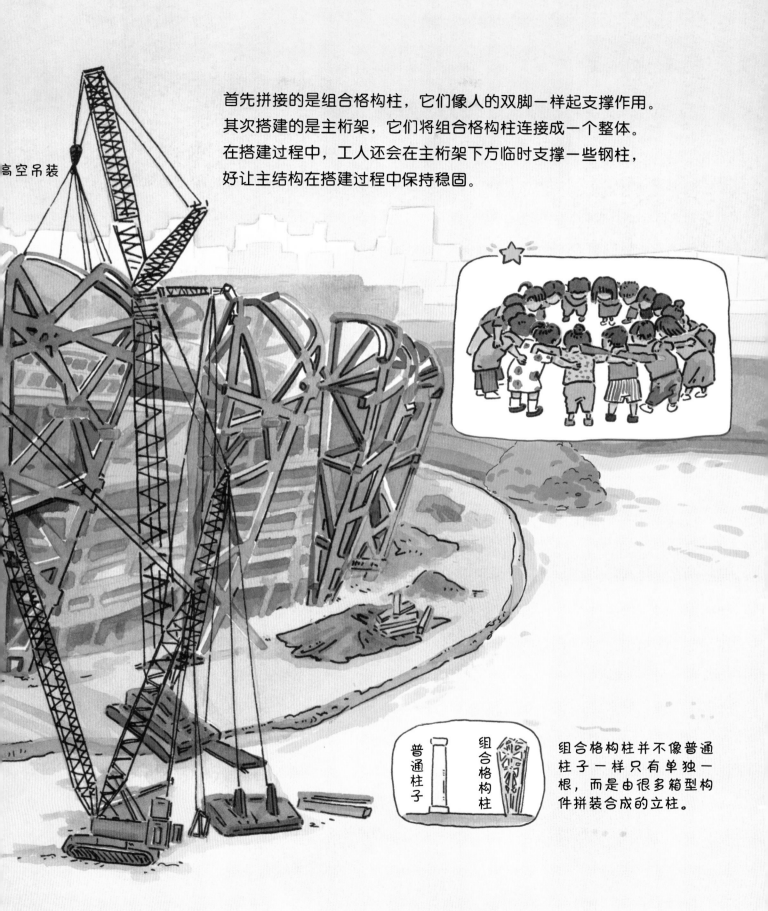

高空吊装

首先拼接的是组合格构柱，它们像人的双脚一样起支撑作用。
其次搭建的是主桁架，它们将组合格构柱连接成一个整体。
在搭建过程中，工人还会在主桁架下方临时支撑一些钢柱，
好让主结构在搭建过程中保持稳固。

普通柱子　组合格构柱

组合格构柱并不像普通柱子一样只有单独一根，而是由很多箱型构件拼装合成的立柱。

外罩焊接

搭建好主结构，就要搭建主结构之间的次结构了。
这么重的箱型构件，可不能用胶水粘连，
肯定需要焊接起来。
将需要连接的构件两端和电焊条一起熔化成液态，彼此融合。
冷却后，构件就紧密地连接在一起了。

搭建好的积木如果没有
粘连，是不够牢固的。

为了让鸟巢坚固又美观，
焊接处既要牢固，又要尽可能平整。
这项工作难度非常大，极其耗费体力。
有时，焊工需要悬挂在 40 米的高空进行焊接，
一个人一整天才能焊完 1 米的焊缝。

焊工的装备

安全带

安全帽

防护面罩：
保护面部，以防被火花灼伤

电焊钳：
用来夹持电焊条

电焊机：
通过变压，利用正负两极在瞬
间短路时产生的高温电弧来熔
化焊条上的焊料和被焊材料

电焊条：
放置在工具袋中，熔
化后可焊接钢结构

鸟巢焊缝的总长度
达 320 千米，相当
于北京到石家庄的
距离。

绝缘橡胶鞋：
防止触电

服装：
上衣遮住腰部，裤长罩
住鞋面，口袋有袋盖

侧面次结构搭建的同时，

看台板也被吊装到观众席。

鸟巢的看台板是在工厂提前做好再运到建筑工地的。

这些看台板大约有 2400 种型号，15000 块，

最长的有 11 米，最重的有 18 吨。

这些看台板只能从鸟巢外罩顶部的镂空处向下吊装，

所以想把这些看台板安装到指定的位置，可不容易呢。

看台板

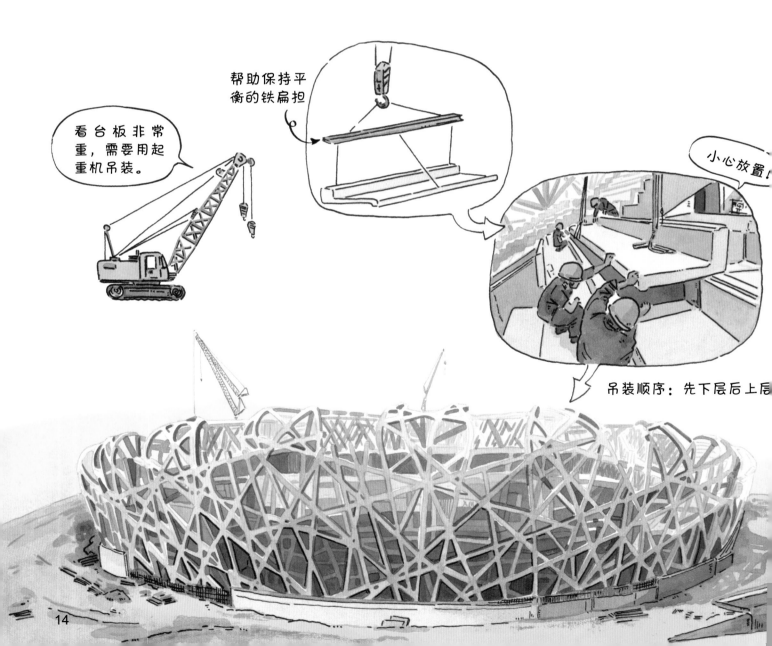

看台板非常重，需要用起重机吊装。

帮助保持平衡的铁扁担

小心放置！

吊装顺序：先下层后上层

外罩合拢

安装看台板的同时，鸟巢外罩的合拢工作也在进行。
合拢是鸟巢建设过程中难度最高的环节之一，
整个过程对精度的要求极高，否则失之毫厘，差之千里。
而且，由于钢结构受到温度影响会热胀冷缩，
所以合拢前工程师们要进行精密的计算。
只有在特定温度下、合拢缝达到合适的宽度时，
焊工才能进行焊接，完成合拢。
为了在特定温度下进行焊接，焊接工作有时候不得不在夜间进行。

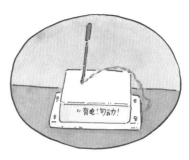

测温仪

合拢线

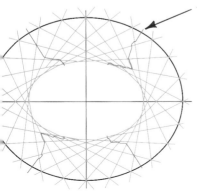

什么是合拢？

鸟巢外罩在搭建过程中被划分为4
个独立的区域，将相邻区域焊接起
来的过程就叫作合拢，4个区域相
邻处被称为合拢线。

合拢缝

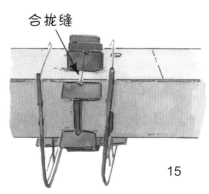

15

屋盖钢结构临时支撑卸载

支撑钢柱

发出卸载指令及传递信息

内圈支撑钢柱 30 根
中圈支撑钢柱 24 根
外圈支撑钢柱 24 根

鸟巢外罩基本搭建完成时，
就该撤掉主桁架下方的临时支撑钢柱了。
撤这些钢柱时，所有人都紧张地屏住了呼吸。
因为鸟巢的主桁架内圈是悬空的，只有所有构件精密地连接，
外罩才能稳固地站立。
如果在施工过程中有微小的失误，鸟巢外罩的稳固性就会降低，
撤掉支撑钢柱后，沉重的主桁架就可能坍塌！

区域控制系统

卸载操作终端

每一小步卸载完成后，都要及时调整千斤顶。

千斤顶垫板

千斤顶

随着钢柱上的千斤顶一点儿一点儿下降，
鸟巢外罩顶部也像预期中的那样，因自身重量一点点下降。
1 厘米、2 厘米……终于，鸟巢顶部停止下降，
靠钢结构紧密地连接，鸟巢"站"稳了！
这个过程叫作屋盖钢结构临时支撑卸载。

撤掉支撑钢柱后，再将剩余的少量次结构连接起来，
鸟巢的钢结构外罩就搭建好了！

次结构连接

测量卸载前后
钢结构的变化

膜结构安装

如果一座体育场的屋顶是网状的，下雨天岂不是很麻烦？
因此，观众席上方钢结构形成的单元格上铺有两层膜，
上层膜透光性好，又能遮风挡雨，
下层膜吸收噪声。
在安装膜结构时，
工人需要在倾斜的建筑表面工作，非常辛苦。

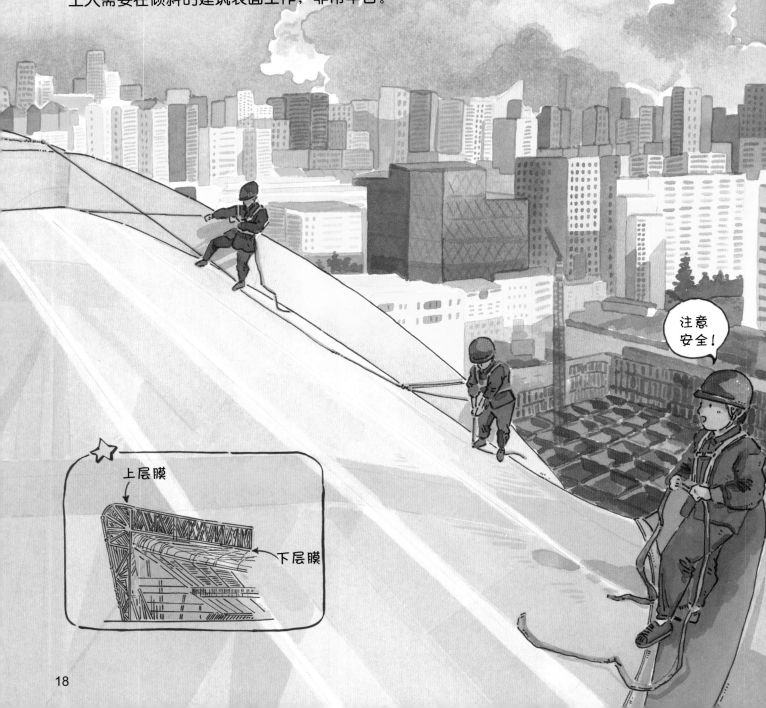

上层膜

下层膜

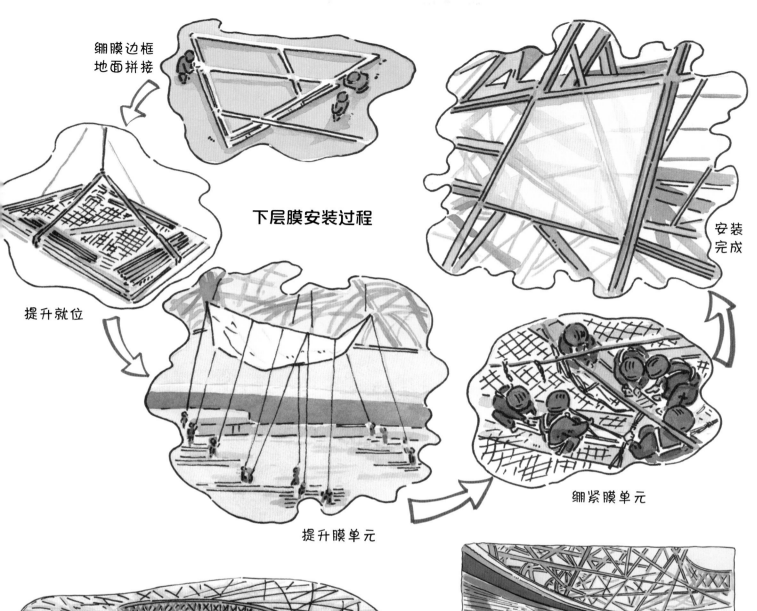

绷膜边框
地面拼接

下层膜安装过程

提升就位

提升膜单元

绷紧膜单元

安装完成

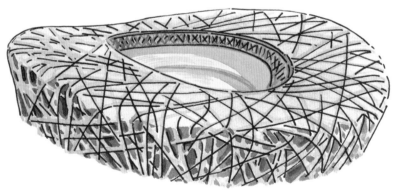

安装膜结构前

安装膜结构后

另外，如果没有膜结构，
赛场上会出现鸟巢钢结构杂乱的影子，
这样不仅会影响运动员比赛，还会影响观众观赛。
有了膜结构，地面就不会有杂乱的影子了。

19

铺设跑道

一座专业的体育场，不仅要有漂亮的外观，
更要有专业的场馆设施。
鸟巢的看台呈碗状，
观众不管坐在看台的哪个位置，
与赛场中心点的距离都不超过 140 米，
这样观众就能获得良好的观看体验。
同时，鸟巢的专业跑道
也能让运动员发挥出最佳水平。

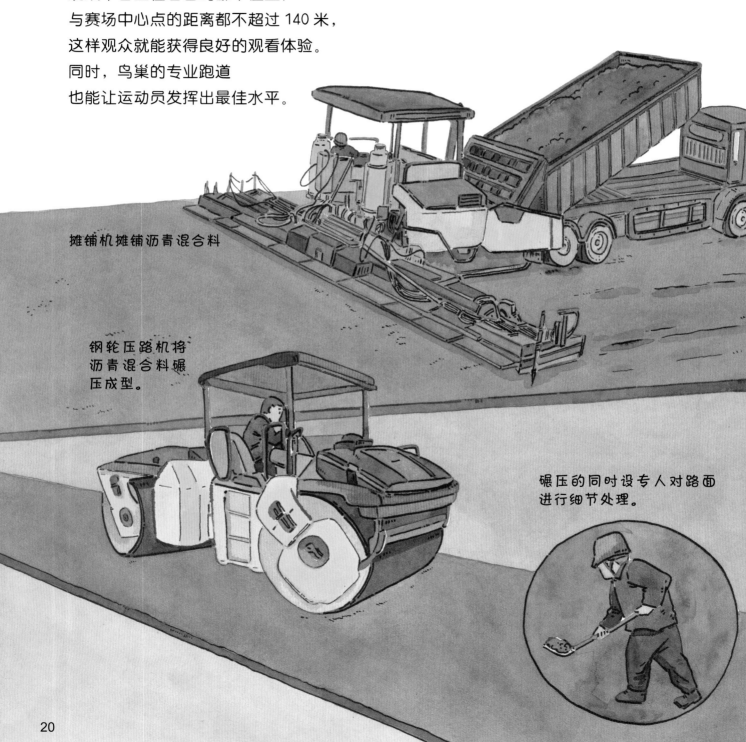

摊铺机摊铺沥青混合料

钢轮压路机将
沥青混合料碾
压成型。

碾压的同时设专人对路面
进行细节处理。

铺设塑胶跑道所需的条件非常严苛，
施工需要在干燥洁净的环境中进行，
气温要保持在 15~30℃，
这样才能保证跑道的平整。

④检查预铺卷材

③预铺卷材

②检查基础层
是否平整

表面无味、防滑、
防反光、无颗粒。

⑤刮涂胶水、
粘接卷材

⑥修整接缝的边缘

⋯层为蜂窝凹
⋯设计，具有
⋯色的弹性和
⋯音能力。

①清扫基础层

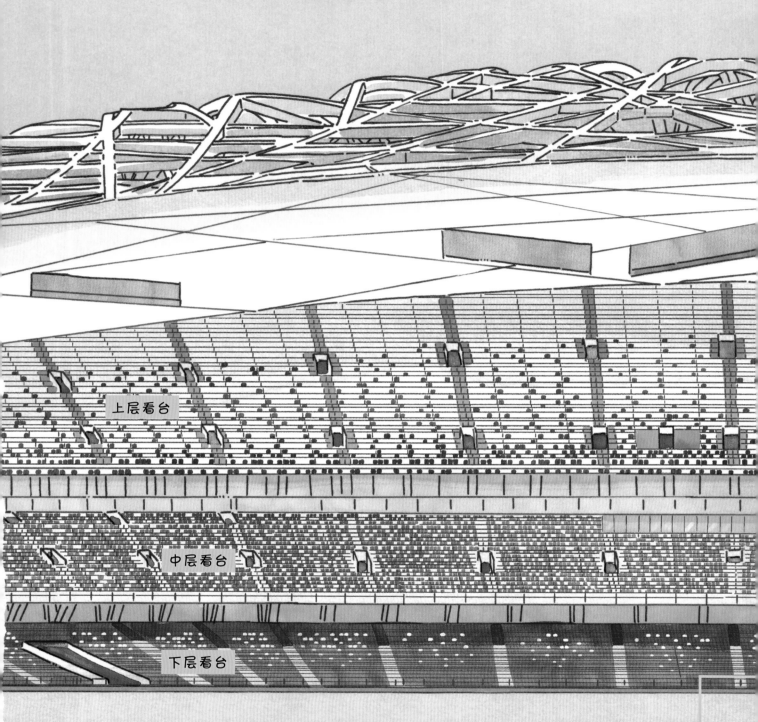

上层看台

中层看台

下层看台

场地中心出入口

让我们看看鸟巢的内部构造吧!

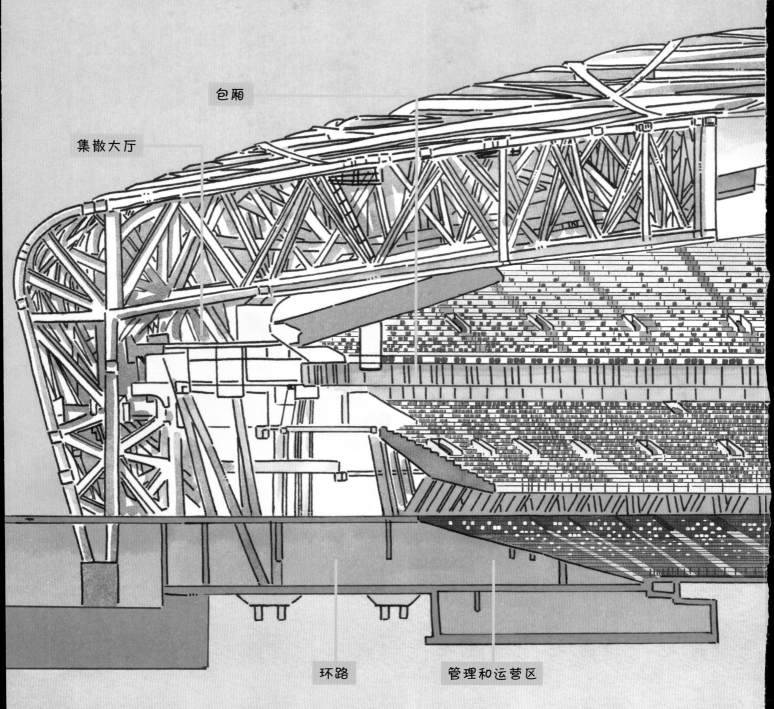

包厢

集散大厅

环路

管理和运营区

2008 年 8 月 8 日晚上 8 点，
第 29 届夏季奥林匹克运动会的开幕式在鸟巢举行！

奥运会结束后，
鸟巢每年都会举办许多精彩的体育赛事，
比如足球比赛、田径比赛、马术比赛、滑雪比赛等，
这些赛事让人热血沸腾。

除了体育赛事，鸟巢还会举办很多演出和休闲活动。
冰雪乐园缤纷多彩，赛车表演紧张刺激，演唱会令人沉醉……
2022 年北京冬奥会、冬残奥会的开幕式、闭幕式在鸟巢举办，
鸟巢成为全球首座举办过"双奥"开幕式、闭幕式的场馆。
每年，数以百万计的人们从世界各地来到这里，
一睹鸟巢的风采。
以后来到鸟巢，别忘了想一想，鸟巢是怎样建成的呀！

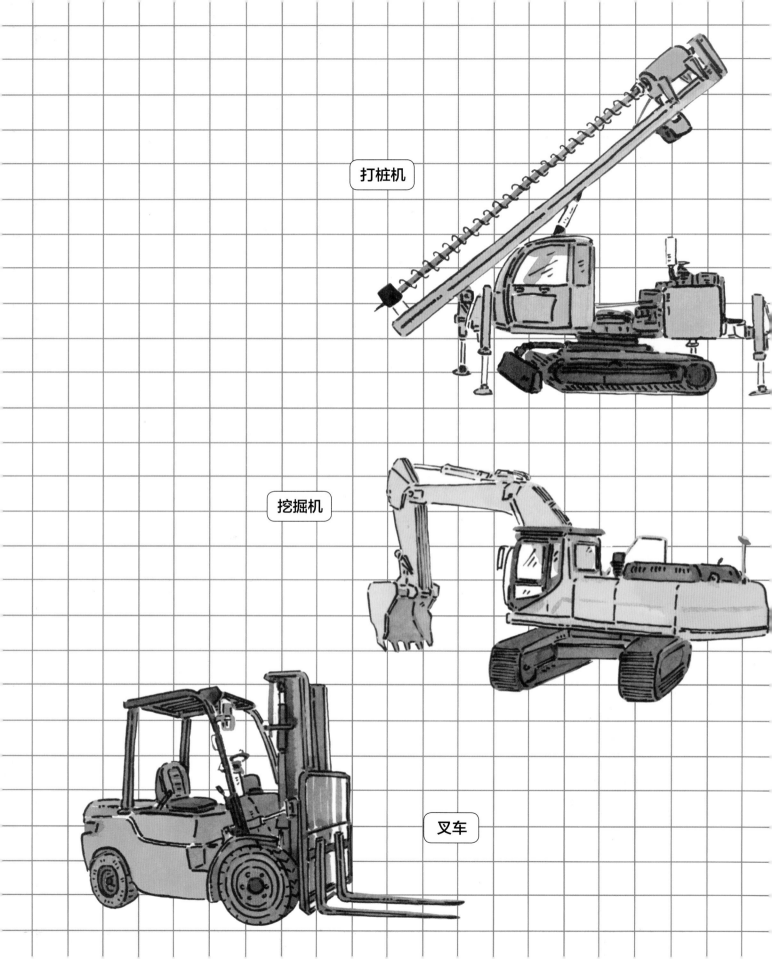